BIBLIOTHÈQUE
DES ÉCOLES ET DES FAMILLES

FRANÇOIS ARAGO

PAR

ALBERT LÉVY

DEUXIÈME ÉDITION

PARIS
LIBRAIRIE HACHETTE ET Cie
79, Boulevard Saint-Germain, 79
1882

FRANÇOIS ARAGO.

FRANÇOIS ARAGO

Le 21 septembre 1879, une foule d'hommes illustres dans les sciences, dans les lettres, dans les arts, dans la politique, était réunie sur la grande place de Perpignan (Pyrénées-Orientales).

Tous les yeux étaient fixés sur une admirable statue due au ciseau de notre grand sculpteur Mercié, lequel a bien voulu dessiner pour nous le portrait placé à la première page de ce livre.

Ce chef-d'œuvre de bronze représentait un grand savant dont les découvertes en physique et en astronomie ont assuré l'immortalité à son nom; un merveilleux professeur qui attirait tout Paris autour de sa chaire par la clarté et l'éloquence de son langage; un citoyen qui, mêlé aux luttes politiques de notre pays, sut mériter l'affection de ses amis et l'estime de ses adversaires. Cette statue était celle de François Arago.

Raconter, même brièvement, une existence aussi bien remplie, c'est offrir le meilleur exemple de ce que peuvent le courage, le travail, la persévérance, unis à une grande intelligence; c'est en même temps la seule manière de louer comme il convient nos grands hommes.

François Arago naquit le 26 février 1786 à Estagel (Pyrénées-Orientales). Élevé au collège communal de Perpignan, Arago s'occupait presque exclusivement d'études littéraires, lorsqu'un heureux hasard détermina sa vocation. Arago rencontre sur le rempart de la ville un jeune officier du génie; il lui demande comment il a obtenu si vite l'épaulette. « Je sors de l'École polytechnique, répond l'officier. — Qu'est-ce que cette école-là? — C'est une école où l'on entre par examen. — Exige-t-on beaucoup des candidats? — Vous trouverez le programme à la bibliothèque du lycée. »

Arago court à la bibliothèque, lit le programme, et, abandonnant les études littéraires, passe ses journées dans les fossés de la citadelle de Perpignan à lire des ouvrages de mathématiques; il parvient à vaincre les difficultés énormes qu'il rencontre pour ainsi dire à chaque pas. Au bout d'une année, Arago se rend à Montpellier pour subir l'examen de l'École polytechnique : il avait seize ans.

L'examinateur était le frère de Gaspard Monge [1], le fondateur de l'école Politechnique. Arago arrive au tableau, et le dialogue suivant s'établit entre l'examinateur et l'élève :

1. Gaspard Monge naquit à Beaune en 1746. Ce grand géomètre, qui a eu l'influence la plus considérable sur le progrès des sciences mathématiques et qui fut fait comte par Napoléon Ier, était fils d'un humble marchand

« Si vous devez répondre comme votre camarade qui vous a précédé, il est inutile que je vous interroge.

— Monsieur, mon camarade en sait beaucoup plus qu'il ne l'a montré ; j'espère être plus heureux que lui, mais ce que vous venez de me dire pourrait bien m'intimider et me priver de tous mes moyens.

— La timidité est toujours l'excuse des ignorants ; c'est pour vous éviter la honte d'un échec que je vous fais la proposition de ne pas vous examiner.

— Je ne connais pas de honte plus grande que celle que vous m'infligez en ce moment.

forain. Ce fut Monge qui, durant l'invasion de 1792, eut l'idée d'aller chercher dans les caves, dans les décombres des vieux murs, le salpêtre nécessaire pour faire de la poudre ; ce fut Monge qui provoqua la création de l'École polytechnique et qui fut l'organisateur de la célèbre expédition scientifique que Napoléon conduisit en Égypte à la suite de son armée (1798). Le gouvernement de la Restauration lui enleva toutes les places que l'empereur lui avait confiées, il lui retira tous ses titres, même celui de membre de l'Institut. Monge mourut pauvre et désespéré.

Veuillez m'interroger, c'est votre devoir.

— Vous le prenez de bien haut, monsieur ! Nous allons voir tout à l'heure si cette fierté est légitime.

— Allez, monsieur, je vous attends. »

Durant deux heures et demie, l'examinateur posa à l'élève des questions de plus en plus difficiles, auxquelles celui-ci répondit de la manière la plus brillante. Enfin l'examen est fini ; Monge se lève, embrasse le candidat et déclare qu'il sera placé le premier sur sa liste.

Bien que nos jeunes lecteurs ne puissent se faire une idée exacte des difficultés de la préparation à l'École polytechnique, ils comprendront cependant combien dut être pénible pour Arago ce travail isolé, que ne facilitait jamais l'explication d'un maître. Cet exemple de fermeté et d'énergie éveillera peut-être des remords chez certains écoliers qui ne se donnent même pas la peine d'apprendre la leçon *toute mâchée*, pour me servir d'une expression

vulgaire mais bien juste, que leur donne
un maître bienveillant.

Arago raconte qu'il dut ses succès à un
conseil qu'il trouva écrit sur la couverture
d'un traité d'algèbre. « Cette couverture se
composait d'une feuille imprimée sur laquelle était collé extérieurement du papier
bleu. La lecture de la page non recouverte
me fit naître l'envie de connaître ce que me
cachait le papier bleu. J'enlevai ce papier
avec soin, après l'avoir humecté, et je pus
lire dessous ce conseil donné par d'Alembert[1] à un jeune homme qui lui faisait part
des difficultés qu'il rencontrait dans ses
études : « Allez, monsieur, allez, et la foi
vous viendra. » Ce fut pour moi un trait
de lumière : au lieu de m'obstiner à com-

1. D'Alembert, l'un des hommes les plus célèbres du
dix-huitième siècle, naquit à Paris en 1717. A vingt-
deux ans, d'Alembert publiait ses premières recherches
mathématiques, qui le firent bientôt admettre à l'Académie des sciences. En 1754, il entrait à l'Académie française et en 1772 il devenait secrétaire perpétuel de
cette compagnie.

prendre du premier coup les propositions qui se présentaient à moi, j'admettais provisoirement leur vérité, je passais outre, et j'étais tout surpris, le lendemain, de comprendre parfaitement ce qui la veille me paraissait entouré d'épais nuages. »

A l'École polytechnique, Arago conserva durant les deux années d'études le premier rang. Il était chef de brigade ; aujourd'hui les deux premiers élèves de chaque promotion s'appellent *majors*.

Le souvenir de l'officier rencontré sur les remparts de Perpignan ne quittait pas notre héros : Arago voulait être artilleur. Un hasard décida de son avenir. La place de secrétaire de l'Observatoire devint vacante pendant qu'Arago était encore à l'École. Sur les instances du géomètre Poisson et du grand astronome Laplace, Arago consentit, à titre d'essai, à quitter momentanément l'École, à la condition de pouvoir reprendre l'état militaire quand il le voudrait.

A peine entré à l'Observatoire, Arago

comprit toute l'utilité qu'il y aurait à prolonger jusqu'en Espagne la mesure de la circonférence de la Terre, mesure commencée en France par les astronomes Delambre [1] et Méchain. Il sollicita l'honneur de reprendre le travail que la mort de Méchain venait d'interrompre et partit pour l'Espagne en 1806.

Indiquons en quelques mots la nature du travail dont Arago venait d'être chargé.

La terre a la forme d'une boule, d'une sphère. Elle tourne sur elle-même. Imaginez une orange, tenue entre le pouce et l'index de la main gauche, et que votre main droite ferait tourner : vous aurez la représentation exacte du mouvement de la terre. Les deux points du globe qui ne bougent pas s'appellent les pôles ; la ligne qui les joint et qui passe par le centre du globe s'appelle *ligne des pôles*. Il y a une infinité

---

1. Delambre, né en 1749, mourut en 1822. On doit à ce savant astronome plusieurs ouvrages remarquables : la *Base du système métrique*, une *Histoire de l'astronomie...* — Méchain, né en 1744, mourut en 1805.

de circonférences qu'on peut tracer sur le globe et passant par les pôles; toutes ces lignes ont la même longueur : on leur donne le nom de *méridiens*, d'un mot latin qui veut dire milieu du jour, parce qu'il est midi dans une ville quand le soleil, dans son mouvement *apparent*, passe devant le méridien de cette ville.

Sans entrer dans de grands détails, nous rappellerons qu'en 1790 l'Assemblée nationale décréta l'adoption d'un système de poids et mesures uniforme pour toute la France et capable d'être accepté par tous les pays. Dans ce but, il fallait choisir l'unité des mesures de telle manière que la susceptibilité des différents États ne fût pas éveillée; on décida que l'unité de longueur, le mètre, serait la quarante-millionième partie de la longueur du méridien terrestre.

On décida qu'on entreprendrait immédiatement la mesure de la portion de circonférence comprise entre Dunkerque, en France, et Formentera, en Espagne. Deux astronomes français, Delambre et Méchain, se mirent à l'œuvre, et, au milieu de difficultés énormes, réussirent à mesurer la partie qui s'étend de Dunkerque à Barcelone.

Pendant que Delambre et Méchain mesuraient la longueur d'un arc de méridien, le premier de Dunkerque à Rodez, le second de Rodez à Barcelone, la Convention [1], impatiente d'exécuter une réforme aussi utile que celle des poids et mesures, exigeait qu'on lui fournît immédiatement un résultat et décrétait, le 23 septembre 1795 : « Au 1er nivôse prochain (22 décembre), l'usage du mètre sera substitué à celui de l'aune dans la commune de Paris, et dix jours après dans le département de la Seine. » On prit comme longueur provisoire du mètre celle qui résultait des mesures antérieures de la circonférence de la terre.

En 1798, une nouvelle commission fut

---

1. On donne le nom de Convention à l'assemblée politique qui fut chargée, de 1792 à 1795, du gouvernement de la France.

chargée de corriger, d'après les mesures de Delambre et de Méchain, la longueur provisoire du mètre. Cette commission contenait non seulement des savants français, mais des délégués de presque toutes les nations européennes.

Cependant la mesure entreprise par Delambre et Méchain n'avait pas été complètement terminée : ces illustres savants s'étaient arrêtés à Barcelone ; au moment où ils comptaient prolonger leurs opérations de Barcelone à Formentera, Méchain mourut.

L'Institut chargea deux jeunes savants, Biot [1] et Arago, de continuer une œuvre

1. Biot, né à Paris en 1774, fut un de nos savants les plus éminents. Ses recherches en astronomie, en mathématiques, en physique, en chimie, lui ont ont valu une réputation universelle. Il s'associa à deux grands savants, à Arago et à Gay-Lussac, et fit avec eux de remarquables travaux. On raconte que Biot, encore inconnu, présenta un jour à l'Académie un mémoire des plus importants. L'illustre Laplace félicita chaudement le jeune savant, fit valoir devant ses collègues le mérite de ce travail et, à l'issue de la séance, emmena Biot dans son cabinet. Laplace alla chercher un de ses manuscrits

aussi éminemment française et de prolonger jusqu'à Formentera la mesure du méridien arrêtée à Barcelone.

Au moment où Arago allait commencer ses mesures géodésiques [1], en 1806, l'Espagne n'était rien moins qu'amie de la France. Après avoir combattu à nos côtés contre les Anglais et subi comme nous l'échec de Trafalgar, l'Espagne se lassa des exigences de Napoléon et entra dans la coalition des monarques du Nord. Cependant les victoires d'Iéna et d'Austerlitz calmèrent pour un instant les instincts belliqueux de Charles IV et de son favori Godoï; mais la haine contre la France était dans tous les cœurs, et l'Espagne n'attendait qu'une occasion pour se tourner

et montra au jeune homme qu'il avait avant lui trouvé les lois qui faisaient l'objet de son mémoire; il ajouta qu'il n'en parlerait jamais, afin de lui laisser tout le mérite de cette découverte. Biot sut profiter de cet exemple admirable de désintéressement et ne manqua jamais l'occasion de faciliter aux jeunes travailleurs l'entrée de la carrière scientifique.

1. La géodésie (du grec *gê*, terre; et *daio*, je divise) est une science qui a pour objet la mesure du globe.

contre nous. Arago ne le vérifia que trop. Non seulement il eut vingt fois à défendre sa vie contre les brigands qui infestaient l'Espagne, mais un jour étant à l'île Majorque, il fut dénoncé comme espion favorisant par des signaux l'arrivée de l'armée française. La colère du peuple était telle, qu'Arago dut demander comme une grâce d'être enfermé dans la prison de Belver, afin d'échapper à la foule. « On a vu bien souvent des prisonniers s'éloigner à toutes jambes de leur cachot ; je suis le premier, peut-être, disait Arago, à qui il ait été donné de faire l'inverse. » Cela se passait le 1ᵉʳ juin 1808.

De Belver, Arago se sauve dans une barque, jusqu'à Alger, et par les soins du consul de France il s'embarque pour Marseille le 13 août 1808. En route, le navire est capturé, par un corsaire espagnol, et notre astronome, fait prisonnier, est conduit à Rosas, en Espagne, près de la frontière française.

Je passe sur les péripéties de cette captivité

durant laquelle Arago manqua d'être fusillé, puis de mourir de faim. En octobre on le conduit à Palamos, où il est enfermé dans un ponton. Enfin, le 28 novembre, on lui permet de partir; il est dirigé sur Marseille, va atteindre le port, lorsqu'un coup de vent le fait aborder à Bougie! Arago se rend à pied de Bougie à Alger, comptant pouvoir s'embarquer pour la seconde fois à destination de Marseille, lorsqu'il apprend que le dey d'Alger (c'est ainsi qu'on appelait le chef de l'État à Alger avant la conquête française) vient de déclarer la guerre à la France! Arago devient prisonnier du dey. Enfin, le 21 juin 1809, la paix étant faite, Arago quitte l'Afrique et débarque à Marseille le 2 juillet 1809.

Peu de jours après son arrivée en France, le 18 septembre, Arago était nommé membre de l'Institut; il avait vingt-trois ans. Peu après il remplaçait à l'École polytechnique son ancien professeur, Monge l'illustre géomètre Gaspard.

Il convient d'ajouter ici que la mesure de

la méridienne, conduite de Dunkerque à Barcelone par Delambre et Méchain, de Barcelone à Formentera par Biot et Arago, est en ce moment même continuée jusqu'en Algérie par le colonel Perrier.

Nous n'énumérerons pas tous les honneurs dont la vie d'Arago fut remplie. Il était membre de toutes les Académies d'Europe; tous les souverains l'avaient décoré de leurs ordres. La Société royale de Londres lui avait donné la plus haute de ses récompenses. En 1830 Arago fut nommé secrétaire perpétuel de l'Académie des sciences et chargé par le Bureau des longitudes de diriger l'Observatoire de Paris.

Un fait assez curieux. On raconte qu'après la défaite de Waterloo Napoléon songea à quitter l'Europe et à finir aux États-Unis une vie si prodigieusement remplie. Napoléon voulait consacrer à l'étude ses dernières années, et, désireux de s'associer un compagnon de travail, avait choisi Arago. On sait que les circonstances ne permirent pas à l'empereur de fixer lui-même l'endroit où il devait se retirer : il fut conduit sur le rocher de Sainte-Hélène.

D'ailleurs Arago eût-il accepté la mission flatteuse que Napoléon voulait lui réserver? Il est permis d'en douter quand on se rappelle ses opinions libérales et franchement républicaines. Nous n'avons pas à traiter ici les questions politiques; cependant nous ne pouvons passer sous silence certains faits importants de la vie d'Arago.

En qualité de secrétaire perpétuel, Arago était chargé tous les ans, en séance publique, de faire l'éloge d'un membre décédé de l'Académie des sciences. Ces éloges académiques d'Arago sont, on peut le dire, des modèles du genre. On a pu louer dans ces écrits avec la plus entière vérité « l'impartialité des jugements, la lucidité des expositions scientifiques, une chaleur qui grandit à mesure que le sujet s'élève ».

Le premier éloge qu'Arago dut prononcer fut celui du physicien Fresnel. La séance

devait avoir lieu le 26 juillet 1830, trois
jours avant la secousse qui renvoya en exil
la branche aînée des Bourbons. En arrivant
à l'Institut, Arago apprend que les lois con-
nues sous le nom d'*Ordonnances*, qui suspen-
daient la liberté de la presse, venaient d'être
signées. Arago refuse de prononcer son dis-
cours, « sa pensée étant empreinte d'une pro-
fonde tristesse et n'ayant pas assez de tran-
quillité d'esprit » ; on le supplie de parler
quand même, car l'Institut, rendu respon-
sable de l'acte d'opposition de son secrétaire
perpétuel, pourrait être supprimé. « On me
montrait du doigt des savants dont les
appointements de membre de l'Institut
étaient la seule ressource... Je consentis à
lire l'éloge de Fresnel, mais non à supprimer
certains passages qui, la veille, avaient paru
irréprochables, sur la nécessité d'exécuter
strictement la Charte [1], si on ne voulait pas

1. Dans le sens littéral, le mot charte signifie papier.
On donne particulièrement le nom de chartes à tous les
actes officiels, ordonnances, édits, émanés du roi. Quand

rouvrir la carrière des révolutions. » En sortant de la séance, le duc de Raguse lui dit bas à l'oreille : « Dieu veuille que demain je n'aie pas à aller chercher de vos nouvelles au fort de Vincennes. »

Élu en 1831 député des Pyrénées-Orientales, Arago se distingua par une opposition violente à la monarchie ; aussi, en 1848, il fut nommé par acclamation membre du gouvernement provisoire. Ce fut lui qui, avec Lamartine, nous conserva le drapeau tricolore.

Arago marqua son court passage au ministère de la marine et au gouvernement provisoire par les mesures les plus généreuses : l'abolition de l'esclavage dans nos colonies, l'abolition des peines corporelles dans la marine...

Louis XVIII fut restauré sur le trône de France en 1814, il octroya certaines libertés à ses sujets, dans une ordonnance royale à laquelle on donna spécialement le nom de Charte. Charles X, à son avènement, déclara accepter la Charte, c'est-à-dire la constitution octroyée par son frère.

Quand l'empire revint, en 1852, on exigea de tous les fonctionnaires de l'État un serment d'obéissance à la nouvelle constitution et à l'empereur. Tous ceux qui refusèrent de prêter ce serment furent impitoyablement exclus de leurs fonctions. Un seul homme trouva grâce devant l'empereur : ce fut Arago, qui, bien qu'il eût refusé le serment exigé, fut maintenu à la tête de l'Observatoire. Si nous ajoutons enfin qu'Arago fut président du conseil général de la Seine jusqu'en 1849, nous aurons terminé ce très court chapitre de la vie politique de notre grand savant.

Jusqu'ici nous n'avons parlé que du littérateur scientifique, auteur des éloges académiques et des notices scientifiques les plus estimées, du professeur éminent qui a résumé dans son *Astronomie populaire* ces leçons que tout Paris voulait entendre à l'Observatoire, de l'homme politique qui fut un instant un héros populaire ; il nous reste à parler du savant.

S'il me fallait seulement énumérer les mémoires scientifiques d'Arago, je triplerais la longueur de ce livre, et je serais d'ailleurs obligé de les diviser par catégories : astronomie et physique céleste, optique, électromagnétisme, météorologie et physique atmosphérique, géographie physique. Je ne veux retenir ici que quelques-uns seulement de ces travaux.

En astronomie, Arago acheva la détermination de la figure de la terre, trouva la cause de la scintillation des étoiles, mesura l'intensité comparative de la lumière des astres. En optique, il étudia tous les problèmes relatifs à la composition, à la déformation des rayons lumineux.

Comme application de ses travaux théoriques, il construisit plusieurs instruments : un *photomètre*, permettant de mesurer l'intensité d'une source lumineuse; un *cyanomètre*, indiquant le degré de coloration du ciel; un *polariscope*.

C'est à l'aide de ce dernier instrument,

dont je ne veux pas ici décrire l'emploi, qu'il montra que la lumière émanée du soleil provient d'une masse gazeuse et non d'une masse solide ou liquide incandescente. Il parvint à distinguer les corps qui, comme le soleil, brillent parce qu'ils sont réellement lumineux, des corps semblables à la lune, qui ne font que réfléchir la lumière qui leur est envoyée. C'est ainsi qu'il montra que la queue des comètes brille, au moins en partie, d'un éclat emprunté.

On supposait autrefois que la lumière est produite par de petites masses matérielles émanées des corps lumineux ; ces petits projectiles, disait-on, « venaient choquer notre œil et, en ébranlant le nerf optique, déterminaient le sentiment de la lumière ».

Nous ne rappellerons pas toutes les suppositions plus ou moins hasardées que les physiciens étaient obligés d'entasser afin de défendre cette théorie, qui est connue sous le nom de *théorie de l'émission*.

On possède aujourd'hui des connaissances

beaucoup plus sérieuses sur la nature de la lumière. S'il ne nous est pas possible de les exposer ici, nous dirons du moins que la théorie nouvelle, connue sous le nom de *théorie des ondes*, est due aux recherches d'un grand nombre de savants éminents, parmi lesquels il faut citer François Arago.

On savait depuis longtemps que certaines pierres nommées *aimants* [1] ont la

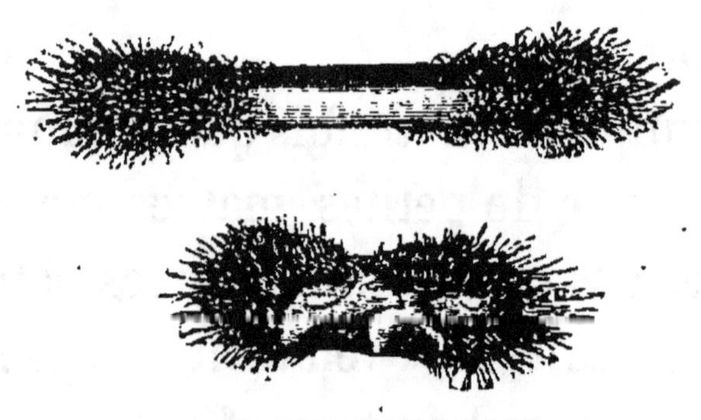

AIMANTS NATURELS.

propriété singulière d'attirer la limaille de fer. Depuis la plus haute antiquité on avait reconnu que ces aimants, taillés en forme d'aiguilles et supportés en leur

1. Les aimants sont des masses métalliques qu'on trouve dans le sol; ce sont des morceaux de fer oxydé. Le mot *aimant* vient du grec et signifie indomptable.

centre par un axe vertical, se dirigeaient toujours de la même manière, dans une direction voisine de la ligne nord-sud. Cette propriété de l'aiguille aimantée était connue des Chinois, qui avaient les premiers utilisé la boussole pour se diriger sur les mers.

On reconnut bientôt que la propriété magnétique[1], naturelle pour certains minerais de fer, pouvait être acquise par divers métaux ; l'aimantation artificielle, communiquée en frottant convenablement un barreau de fer ordinaire avec un aimant naturel, n'est malheureusement pas durable.

Comme il est impossible de passer sous silence la découverte d'Arago connue sous le nom d'*électro-magnétisme*, nous essayerons de la faire bien comprendre en entrant dans quelques détails. On sait en quoi consiste l'admirable appareil connu sous le nom de

---

1. Les premières pierres d'aimant furent trouvées en Asie Mineure, aux environs d'une ville nommée *Magnésie*. Le minerai prit le nom de *magnès* et la vertu attractive qu'il possède s'appela *magnétisme*.

pile électrique : notre gravure représente trois piles réunies ensemble, et sur l'une desquelles le dessinateur a figuré les différentes pièces qui la composent.

On voit en C un cylindre de charbon plon-

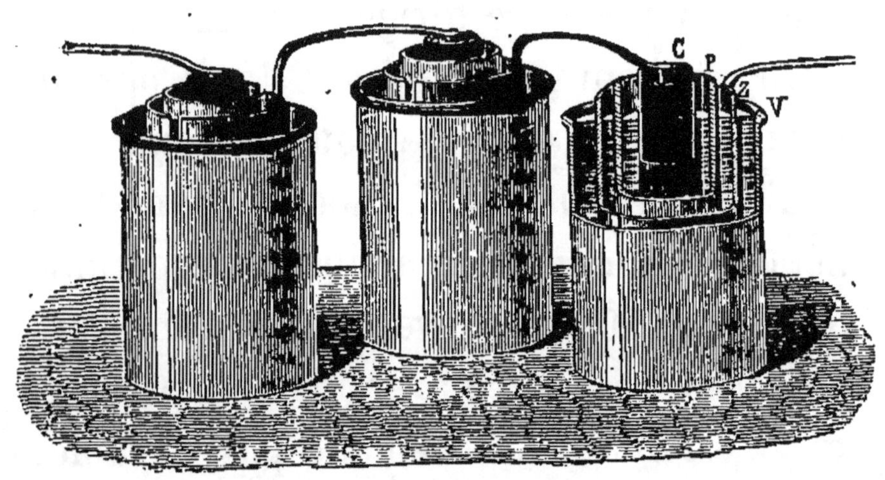

PILES ÉLECTRIQUES.

geant dans un vase de terre poreuse P ; en Z se trouve une lame de zinc repliée sur elle-même et plongeant dans un vase de verre ou de porcelaine V. Dans le vase de verre on a versé de l'eau et de l'acide sulfurique, dans le vase poreux P on a versé de l'eau et de l'acide azotique.

Cela posé, si l'on réunit le charbon et le

zinc par un fil métallique, on reconnaîtra
que ce fil a des propriétés singulières. Ainsi,
en plaçant ce fil au-dessus d'une aiguille
aimantée, l'aiguille est immédiatement dé-
viée de sa position d'équilibre.

Cette expérience frappa vivement deux
physiciens français, Arago et Ampère. Ils re-

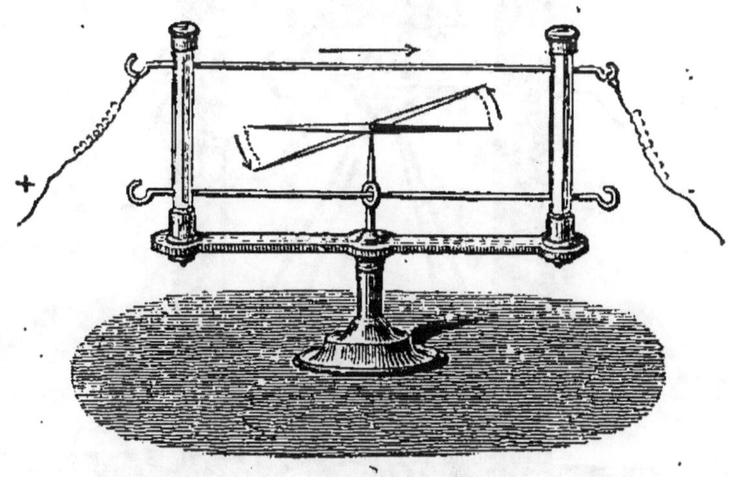

FIL ÉLECTRIQUE SUR UNE AIGUILLE AIMANTÉE.

connurent que le fil électrique, celui qui
relie le zinc au charbon de la pile, enroulé
sur un morceau de fer ordinaire, lui donnait
les propriétés d'un véritable aimant.

Ces aimants d'un nouveau genre s'appellent *électro-aimants;* le nom composé

donné à ces appareils s'explique suffisam-
ment d'après leur propriété et la manière
dont ils sont obtenus. On leur donne le
plus ordinairement la forme d'un fer à che-

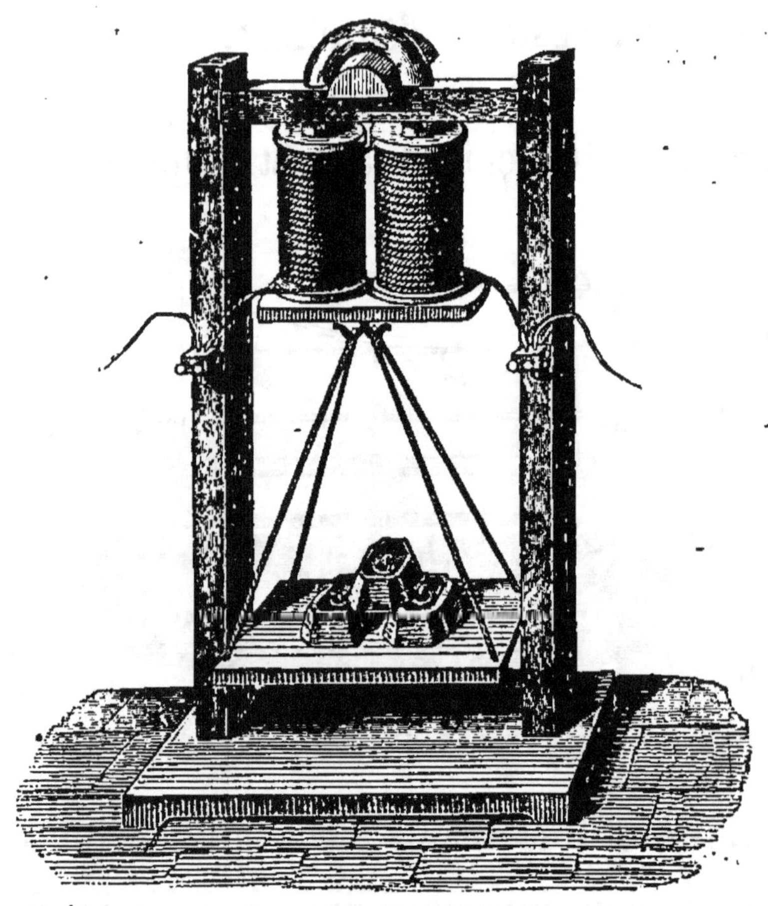

ÉLECTRO-AIMANT.

val : le fil électrique est enroulé aux deux
extrémités. La puissance de ces aimants
est bien plus considérable que celle des

aimants naturels : ils attirent le fer avec une puissance telle, que pour détacher une lame de métal attirée par un bon électro-aimant, il faut des poids s'élevant jusqu'à 800 kilogrammes.

Si nous avons longuement insisté sur ce sujet, c'est que l'électro-aimant est devenu l'auxiliaire indispensable de presque tous les appareils dont la science moderne s'est enrichie : moteurs électro-magnétiques, télégraphe électrique, téléphone, etc...

En physique et en météorologie, Arago détermina la densité de l'air, la force élastique de la vapeur, la vitesse du son, etc. Arrêtons-nous un instant sur ce dernier travail.

Quand un bruit se fait entendre à une certaine distance, notre oreille ne le perçoit pas instantanément. Plus la distance est grande, et plus il faut de temps pour que le bruit nous parvienne. On a cherché à déterminer la vitesse du son, c'est-à-dire le chemin qu'il parcourt en une seconde. En 1738 une commission de l'Académie des sciences avait fait sur ce sujet d'intéressantes expériences; elles furent reprises en 1822 par Arago, assisté d'un grand nombre de savants éminents : Gay-Lussac, de Humboldt, Prony, Bouvard, Mathieu. Des pièces de canon avaient été installées à Montlhéry et à Villejuif, distants de 18613 mètres; on était convenu qu'à partir d'une certaine heure des coups seraient tirés à des intervalles de temps égaux. Dans chaque station les observateurs notaient avec soin l'heure à laquelle la flamme du canon apparaissait, ainsi que le moment précis où le bruit se faisait entendre. On trouva que le son parcourt 340 mètres par seconde.

Comme application immédiate de ce résultat, on peut, pendant un orage, savoir à quelle distance éclate le tonnerre. Dès que l'éclair apparaît, comptez les secondes qui s'écoulent jusqu'au moment où le tonnerre se fait entendre : une, deux, trois,...

sept; la foudre a éclaté à une distance de 7 fois 340 ou 2380 mètres.

MESURE DE LA VITESSE DU SON.

Nous sommes loin d'avoir épuisé la liste des travaux littéraires et scientifiques de

François Arago, et cependant il faut nous arrêter ; mais nous croyons en avoir dit assez pour donner une idée de l'immense bagage scientifique de cet éminent physicien. Un des derniers travaux qu'il voulait entreprendre fut la mesure de la vitesse de la lumière ; ses appareils étaient prêts, grâce à l'habileté du constructeur Bréguet, quand un grand malheur vint le frapper : il devint presque aveugle.

Arago avait plusieurs frères : Jean, qui devint général au service du Mexique ; Etienne, littérateur et homme politique ; Jacques, littérateur et voyageur. Après avoir fait le tour du monde, Jacques Arago revint en France, où il publia le récit de ses voyages ; il s'occupait de littérature théâtrale, quand tout à coup il devint aveugle. Ce fut le même malheur qui frappa François.

Arago occupa les dernières années de sa vie à dicter les beaux ouvrages qui s'appellent : *Astronomie populaire, Histoire de ma jeunesse, etc.*

Il avait trouvé dans le tendre dévouement de sa nièce, madame Laugier [1], l'auxiliaire le plus dévoué et le plus intelligent. François Arago mourut le 2 octobre 1853.

Non seulement Arago fut un éminent savant qui enrichit la physique et l'astronomie d'admirables découvertes, non seulement il fut un professeur incomparable rendant la science accessible à tous, non seulement il fut un bon citoyen dans toute la force de ce mot ; il fut encore un maître bienveillant, dont la joie la plus vive était de tendre la main à tous les jeunes qui entraient dans la carrière. Ce fut Arago qui fit faire à Fresnel, à Liouville, à Le Verrier et

1. Paul Laugier, né à Paris en 1812, fut un astronome des plus distingués. Au sortir de l'École polytechnique, il entra à l'Observatoire et commença cette série de beaux travaux qu'il poursuivit sans relâche durant vingt années. En 1841, l'Académie lui décerna une médaille pour la découverte d'une comète ; en 1842, il fit avec Mauvais et Arago une excursion devenue célèbre et dans laquelle il détermina la hauteur du Canigou, une des cimes les plus élevées des Pyrénées. Membre de l'Institut et du Bureau des longitudes, Laugier, le plus bienveillant des savants, mourut en avril 1872.

à cent autres leurs premiers pas dans la carrière où ils devaient à leur tour s'illustrer.

« Grâce à sa perspicacité pour deviner le mérite, grâce à la générosité naturelle de son âme exempte de toute jalousie, Fresnel, ingénieur ignoré en province, fut deviné, encouragé, appelé à Paris, où il eut une situation ; Arago lui voua une amitié qui ne connut jamais de nuages et il ne manqua aucune occasion de soutenir ses travaux et les intérêts de sa renommée. » Fresnel mourut à trente-neuf ans, après avoir doté la science des plus belles recherches sur les propriétés de la lumière et créé un nouveau système de phares pour lequel, comme l'a dit Arago, les navigateurs béniront éternellement son nom.

Arago intervenait toujours quand il s'agissait de faire valoir, de soutenir un inventeur de mérite. C'est lui qui exposa à l'Académie la découverte de Daguerre, laquelle devait conduire à la découverte de la photographie, et qui indiqua tout le parti que la science pourrait tirer de cette invention remarquable. C'est Arago qui demanda et obtint pour l'ingénieur Vicat, sans fortune, une pension nationale en récompense de ses belles recherches sur les chaux qui durcissent à l'eau et qui peuvent par conséquent servir aux constructions maritimes.

Brisé par la maladie, Arago vint dire un dernier a dieu à cette Académie des sciences « où sa parole aimée, admirée avait retenti près d'un demi-siècle ». Il exposa les travaux qu'il aurait voulu entreprendre et « convia les jeunes savants à suivre ses idées et à recueillir la gloire de leur réalisation ».

Nous n'ajouterons qu'un mot, emprunté à un savant éminent, de Humboldt[1], qui s'honora toujours de l'amitié que lui avait vouée Arago. « Ce qui caractérisait cet

---

1. Alexandre de Humboldt, né à Berlin en 1769, s'est acquis une réputation universelle par ses voyages d'exploration en Amérique et en Asie. A l'âge de soixante-quinze ans, il écrivit sous le titre de *Cosmos* une description physique du monde justement admirée et qui fut traduite en français sous les auspices d'Arago.

homme unique, dit-il, ce n'était pas seulement la puissance du génie qui produit et féconde, ou cette rare lucidité qui sait développer des aperçus nouveaux et compliqués, comme choses longuement acquises à l'intelligence humaine; c'était aussi le mélange attrayant de la force et de l'élévation d'un caractère passionné, avec la douceur affectueuse du sentiment. »

FIN

PARIS. — IMPRIMERIE ÉMILE MARTINET, RUE MIGNON, 2.